AF224683

maltraitons avec dureté comme vils et méprisables, tandis que nous devrions savoir les corriger avec douceur, pour développer en eux les sentiments du bien.

Mais n'est-ce pas une exagération que de leur accorder ce sens intime? N'ont-ils pas seulement des sensations purement physiques, des ébranlements de nerfs et des effervescences de sang? Conçoivent-ils? Est-ce que leur cerveau se livre à des calculs, à des réflexions et à des préméditations?

M. Toussenel a écrit *l'Esprit des bêtes*. C'est un livre charmant, spirituel, rempli de philosophiques observations, d'allusions piquantes et de fines comparaisons. Les travers innombrables de notre société moderne y sont stygmatisés sous des allégories transparentes, avec une causticité fort comique par fois. Grâce à l'esprit et aux habitudes des animaux, dont la biographie est tracée de main de maître, le mordant publiciste sait adroitement et justement censurer les écarts des hommes et même des femmes. Mais il a trop négligé ce qui rend les animaux aimables, ce qui nous les attache, le cœur.

Qui nous racontera jamais les trésors de tendresse, de dévouement, de fidélité et de reconnaissance que renferme le cœur des bêtes!

Depuis le lion d'Androclès jusqu'à l'araignée de Silvio Pellico, il y a une profusion de traits touchants de la part des animaux même les plus féroces et les plus sauvages. Il faudrait écrire des centaines de volumes compactes pour consigner les anecdotes et les actes étonnants des animaux domestiques en particulier. Les journaux en fourmillent chaque jour, et dans toutes les parties de l'univers, dans toutes les langues on se plaît à les exalter avec admiration.

En voici sept, qui m'ont fourni et me fournissent encore des observations infiniment curieuses, dont le lecteur sera certainement aussi charmé que je le suis moi-même.

Ce sont trois chiens, une jument et trois oiseaux.

regretté m'a légués comme un souvenir de touchante affection, ne me quittent jamais. Tous les trois me suivent pas à pas, s'avançant quand je marche, s'arrêtant lorsque je m'arrête, avec une constance admirable. Et, chose plus surprenante encore, on dirait qu'ils lisent dans mes yeux, sur ma physionomie, les impressions de mon âme. Suis-je contente? ils sont joyeux. Leur tristesse est égale à la mienne. Plusieurs fois, quand des souvenirs pénibles provoquent mes larmes, eux aussi répandent des pleurs, en poussant des cris douloureux. Ils éprouvent le contre-coup de mes sensations.

Lorsqu'assise dans mon boudoir, je travaille où j'écris, ils s'étendent à mes pieds, comme pour me garder.

Cependant Black, que j'appellerai le chef de la bande, à cause de son sexe masculin, de sa force et de son âge, a des airs de mâle surveillance qui concordent bien avec sa taille et sa conformation.

C'est un loubet de Hollande, aux longs poils noirs, au museau effilé, courronné par deux oreilles fines, mobiles, et animé par deux yeux étincelants. Une queue fournie et empanachée, relevée en trompette, lui donne une allure de régent vigoureux, que son cou épais rend redoutable.

Pour les habitants et les amis du manoir, c'est la douceur caressante incarnée ; mais gare à l'inconnu ou au vagabond qui ose franchir le seuil du portail extérieur et s'aventurer dans le jardin ! L'intelligent Black le reconnaît même à travers les murs, sans le voir, et l'avertit par des aboiements retentissants de s'éloigner au plus tôt.

Malheur si, libre dans le parc, le vigilant caniche y voyait pénétrer un étranger ; il lui courrait sus avec une promptitude effrayante, qui le forcerait à rétrograder lestement.

Du haut de l'édifice monumental, il annonce sa présence à quiconque s'en approche, en circulant sur la corniche fortement inclinée qui en couronne le faîte.

Trois fois il est tombé de cet observatoire, élevé de quatorze mètres, sans éprouver aucun mal ; il y circule en tous sens, à pas précipités qui doivent lui donner le vertige.

Les passants admirent cette sentinelle audacieuse et s'arrêtent pour le contempler. Black, lui, croyant à une provocation de leur part, les apostrophe par des cris répétés, en leur lançant des regards étincelants. L'heure de garde terminée, il descend à la porte de mon appartement, en poussant des gémissements plaintifs. Si, sur-le-champ, on ne l'admet pas, alors ses gémissements se changent en murmures douloureux, accompagnés de sauts et de bonds réitérés contre la porte, qu'il déchire avec ses ongles aigus. Ses désirs sont-ils exaucés, il bondit avec joie dans l'appartement, s'élance vers moi, me lèche les mains, appuie sa tête sur mes genoux en me fixant avec des yeux pleins de reconnaissance et de tendresse. Enfin il s'accroupit à mes pieds dans la pose d'un lion immobile. Au moindre de mes mouvements, il ouvre ses paupières, relève la tête et m'observe. Si je ne remue pas de la place, il reprend sa pose nonchalante; mais si je me dresse, le voilà sur ses quatre pattes, prêt à m'accompagner.

Une visite m'arrive-t-elle? Black, qui m'en a déjà prévenue, se lève au moment où ma femme de chambre vient me l'annoncer, et semble comprendre le nom et la qualité du visiteur ou de la visiteuse. Suivant les personnes, il emploie plus ou moins ses démonstrations cérémonieuses. Son empressement est extrême, si c'est un membre de ma famille ou une amie intime. On dirait presque qu'il connaît les degrés de parenté, tant il sait mesurer la vivacité de ses témoignages affectueux.

Black apprécie aussi le caractère de chacun. Pour les gens compatissants et doux, il a des câlineries ineffables, tandis qu'aux esprits sévères et durs, il montre un visage indifférent et froid. Il a des airs de dédain à l'égard de ceux dont l'orgueil et la vanité travaillent l'intelligence. On pourrait l'appeler un baromètre moral. Si quelqu'un fait parade de sa capacité ou de ses exploits, Black lui tourne le dos, après l'avoir toisé avec un mépris surprenant. Au contraire, une jeune fille modeste et réservée semble l'intéresser vivement; car il s'allonge à ses pieds, la tête un peu tournée, l'œil attendri.

Un enfant attire plus particulièrement ses soins officieux. Il s'assied sur ses pattes de derrière, comme pour le contempler plus à son aise; il le regarde en tous sens, saute autour de lui ; mais respecte sa faiblesse, en ne le touchant pas, craignant de le blesser. Volontiers il lui lèche les mains et les joues, comme pour lui témoigner sa tendresse.

Un jour, trois petites fillettes, belles comme des anges, s'amusaient au jeu des osselets, au milieu de mon grand salon, riant et folâtrant entre elles. Black allait et venait de l'une à l'autre, suivant que la partie était favorable à celle-ci ou à celle-là. Cependant la plus jeune, que la chance ne favorisait pas, se prit à pleurer. Que fait le chien, sensible à ses larmes? Il commence par disperser les osselets çà est là, et puis vient prodiguer ses caresses à la pauvre perdante, sans qu'on pût l'en détacher.

Ce spectacle charmant nous fit tous réfléchir sérieusement sur cette attention délicate.

Ainsi, tandis que les fillettes heureuses se moquaient de leur compagne affligée et la tournaient en ridicule, un animal leur donnait une leçon de charitable commisération !

Une autre fois, ma femme de chambre, en arrangeant le feu de la cheminée, se brûla à la main droite et poussa un grand cri. Black se précipita, lui appliqua sa langue sur la brûlure et calma sa douleur.

Un fait très curieux, qui dénote chez mon Black une vive sensibilité, c'est celui-ci. Par une douce soirée d'été, en compagnie d'une amie dont la petite fille est fort espiègle, j'étais allée sur les bords de la mer, respirer cet air fortifiant qui s'exhale du sein des ondes amères dont les émanations restaurent la poitrine la plus compromise. Les chiens Black, Dogkind et Miss allaient et venaient autour de nous, couraient à perdre haleine, revenaient luttant de vitesse ensemble, lorsque Miss, qui est une miniature, comme je le dirai plus tard, tomba dans l'eau. Aux cris poussés par la petite chienne, la fillette se disposait à s'avancer vers elle, sans craindre de se mouiller les pieds, lorsque, nous retournant de son côté avec sa mère, tremblantes toutes deux, nous vîmes Black se jeter résolument dans les flots, saisir sa compagne sur le dos avec les dents et regagner le rivage, où, après l'avoir déposée à nos pieds, il gambada et sauta pendant plusieurs minutes, manifestant sa joie d'avoir opéré ce sauvetage, qu'il comprenait nous être bien agréable.

Que dirai-je de sa vigilance protectrice à l'égard de ses deux compagnes Dogkind et Miss? Elle est vraiment admirable. On le prendrait pour un jaloux, qui seul veut jouir de leur gracieuse société, les préserver de toute atteinte funeste et éloigner les prétendants. Nous voilà à la promenade, sur la route ou à travers champs. Rencontrons-nous un gros chien? Black se met en arrêt et protége ses deux amies de sa large personne, scrutant attentivement les intentions de son collègue. Si celui-ci grogne sourdement, un grognement formidable lui répond ; s'il grince des dents, un grincement fait écho au sien, mais plus rude et plus prolongé. L'agression devient-elle manifeste, notre défenseur intrépide s'avance bravement.

La bataille s'engage avec une fureur indescriptible. Les deux antagonistes se mordent, se déchirent, se traînent dans la poussière; lâchent prise un moment, pour se ressaisir encore avec plus de rage. Le sang coule parfois ; Black n'en démord pas et continue la lutte acharnée, jusqu'à ce que son ennemi vaincu prenne la fuite, l'oreille basse et la queue pendante.

Alors le vainqueur, tout fier de sa victoire, revient auprès de ses mignonnes protégées, qui, pendant le combat, s'étaient tenues à l'écart, en spectatrices prudentes.

Si, au lieu d'un gros mâtin, la rencontre se fait avec un maigre roquet, un basset écourté ou un faible carlin, mais tous rageurs et audacieux, Black ne s'amuse pas à ravaler son courage contre d'aussi mesquins adversaires. Il s'approche d'eux doucement, fait semblant de leur parler à l'oreille tout bas ; et s'ils n'écoutent pas ses ordres secrètement exprimés, il se contente de les rouler à terre ; s'ils regimbent tant soit peu, il les secoue légèrement, les pousse au loin, mais ne leur fait pas sentir sa dent.

Un soir que je cueillais des fleurs dans mon parc, j'entendis tout à coup le bruit strident d'une bataille canine. C'était mon Black aux prises avec un énorme boule-dogue deux fois plus fort et plus haut que lui, qui avait osé sauter par dessus le mur et était venu auprès de Dogkind, alors dans un état intéressant. Impossible de dépeindre l'acharnement des combattants, qui se dressaient l'un contre l'autre avec une vigueur indescriptible.

En vain le boule-dogue cherchait-il à déchirer la robe de Black, dont la fourrure longue et épaisse est insaisissable. Il finit par l'accrocher au museau et lui arracha la paupière gauche. Le sang coulait, mais le blessé, rendu plus furieux, usa de même argument : il crocheta la gueule de son adversaire, qu'il serra fortement sous ses incisives aiguës, comme dans un étau. Celui-ci, manquant de respiration, s'affaissa sur lui-même et tomba inanimé. Black parut en avoir pitié ; après lui avoir jeté un coup d'œil de travers, il lui tourna le dos ; l'autre, reprenant son haleine, se releva et s'esquiva lestement.

Black a aussi une grande antipathie pour les

chats étrangers, tandis qu'il s'amuse avec le Minet de la maison, qu'il pourchasse cependant, lorsqu'il le trouve à travers les taillis, guettant les petits oiseaux ou escaladant les arbres pour détruire les nids. Aussi Rominagrobis le redoute et ne hasarde aucune escapade lorsqu'il l'aperçoit.

C'est l'histoire du malfaiteur patelin prenant les airs d'un sage, en face d'un Argus au chapeau monté.

Mais Black ne se laisse pas prendre à ces airs de béate indifférence ; il suit pas à pas notre guetteur déconcerté, qui bientôt abandonne la partie et va se cacher dans la maison.

Black n'a pas moins de perspicacité lorsqu'il surprend, en hiver, Matou accroupi sous le péristyle inférieur de la villa. Il sait qu'il attend là les volatiles infortunés que le froid oblige à chercher un asile. Pour déjouer ses calculs pervers, il s'étend à ses côtés, bien près de lui, et se met à le caresser de sa patte droite, tandis que de sa patte gauche il le maintient immobile.

Gare à lui s'il osait aborder les ruches d'abeilles, qui font mes délices et auprès desquelles j'aime à m'asseoir pour en admirer les mouvements et les labeurs. Pour le coup, Rodilardus recevrait une pénitence exemplaire. Une fois, il eut l'audace de porter le désordre parmi ces infatigables travailleuses, qui l'assaillirent par centaines, le piquèrent vivement et l'auraient certainement mis en sang, si Black furieux ne l'eut saisi fortement jus-qu'à lui faire pousser des cris désespérés et ne l'eut jeté dans la mare du fumier de la campagne.

C'est encore une attraction pour Black que ces mouches à miel si calomniées et dont, en passant, je veux défendre l'honneur. L'abeille, malgré les préjugés erronnés, est d'une nature aussi douce que le miel dont elle élabore la substance avec tant de délicatesse. Si elle se sert de son dard, c'est uniquement pour se défendre. Combien d'heures agréables je passe au sein de leur tour-billon, lisant et relisant le *Manuel d'apiculture* du savant chanoine Boissy, curé de Montbozon, dans la Haute-Saône [1], dont je constate avec plai-sir les assertions exactes.

Comme toujours, mes trois chiens sont à mes pieds, et jamais ils n'ont reçu aucune piqûre, pas plus que moi. Black, observateur bienveillant, exerce aussi envers ces aimables volatiles son rôle de défenseur. Non seulement il repousse le chat, mais encore les lézards, les araignées, les sala-mandres, les lormuses, les scorpions et même les frelons et les guêpes, contre lequels il bondit pour les happer au passage.

Naturellement je le récompense de sa surveil-lance officieuse, en lui donnant quelques gâteaux,

(1) Je ne connais rien de plus attrayant et de plus instructif que cet excellent volume, que l'on ne peut laisser dès qu'on l'a pris en mains.

dont il a toujours l'attention de partager les morceaux avec ses deux compagnes Dogkind et Miss.

Car il faut le dire à notre honte, à nous, créatures raisonnables, mes trois caniches vivent.dans une intelligence charitable vraiment merveilleuse. Si j'offre à l'un seulement une friandise, les deux autres ne s'offensent pas de ma préférence. On les voit se résigner patiemment à cette privation, sans faire le moindre tapage.

Du reste, leur sobriété est frappante. Ils ne mangent jamais hors de leurs repas, fixés à huit heures du matin, à midi et à sept heures du soir. Je ne compte pas les légères brioches ou un petit morceau de sucre, les jours où l'on sert du thé ou du café après dîner.

Ces jours-là, l'intelligente prévision de Black est surprenante. Dès qu'il m'entend donner l'ordre d'apprêter le thé ou le café, il se livre. à une pantomime fort amusante, surtout auprès des visiteuses, dont il s'efforce de captiver la tendresse. Il les obsède de ses caresses, les cajole amoureusement, passe adroitement sa tête sous leurs mains, comme pour leur dire : « Je suis ici, pensez à moi ; tout à l'heure vous dégusterez une liqueur suave, parfumée, n'oubliez pas le pauvre Black ; pensez à lui donner un grain de sucre et quelques miettes de la succulente pâtisserie qu'on vous servira. »

Ainsi sait-il se préparer les cœurs à l'avance. Mais comment expliquer cette intuition qui lui est personnelle, car les deux petites chiennes n'en sont pas douées.

Tous les trois pourtant m'ont offert une observation générale qui n'est pas moins digne de remarque, et qui dénote un sentiment de fraternité intime.

Lorsque l'on sert, à table, un poulet ou un pigeon élevé dans le domaine, ils n'acceptent ni un morceau de viande, ni le moindre osselet. La première fois que j'observai ce refus unanime de leur part, je les crus malades. Mais comme ils le renouvelèrent avec le même ensemble peu de jours après, mon attention devint plus sérieuse. Ils ne laissèrent pas de côté les reliefs d'ortolans servis au même repas. Le lendemain, les restes d'un poulet apporté de la ville ne les trouvèrent pas indifférents, tandis que le jour suivant, ils baissèrent encore la tête avec tristesse lorsque je leur offris ceux d'un jeune coq né et grandi dans ma basse-cour. Et ainsi agissent-ils toujours.

Est-ce là de la vraie fraternité ?

Ah ! dans notre siècle si infatué de ses progrès sociaux, combien qui abusent de ce mot sacré, en dévorant sans pitié la réputation de leurs semblables. Est-ce que cet assassinat fratricide moral ne fait pas horreur ?

Bientôt les animaux seront plus humains que les hommes.

Dogkind n'a ni l'intelligence, ni la force de

Black. De pur sang anglais, elle est de la race des levrettes aristocratiques, dont le manteau noir, brillant et satiné, la tête déliée et les pattes allongées, aux onglons d'ébène et aux couleurs de feu, sont si appréciés par les connaisseurs. Elle passe sa vie à mes pieds, toujours docile à ma voix, douce, caressante et légère comme une biche, que rappellent étonnamment ses formes sveltes et dégagées. Sa passion est de scruter mes sentiments, de les analyser pour ainsi dire et de les partager. Si elle discerne sur ma physionomie l'empreinte du bonheur, la voilà sautillante et allègre, poussant de faibles cris, assez semblables à ceux d'un écureuil qui ronge gaîment une noix fraîche.

Sa tendresse à mon égard est si vive, que même lorsqu'elle a mis bas elle sait partager son temps entre ses petits, qu'elle nourrit avec soin, et ses assiduités fréquentes près de moi. Elle va et vient constamment de mon boudoir au cabinet où on les loge; à tel point que la pitié me prend et que, pour lui éviter tant de peines, je l'enferme avec eux.

Et puis on dira que les animaux n'ont point de cœur!

Dogkind est douée d'un cœur très sensible dont les instincts se dévoilent à chaque instant.

Un jour, je l'avais conduite à Nice et je ne sais pourquoi l'employé de la gare chargé du wagon dans lequel les chiens sont déposés en laissa la coulisse à demi-ouverte. Dogkind, qui n'aime pas à

3

être séparée de moi, parvint à s'esquiver ; et quel ne fut pas mon étonnement, en jetant un coup d'œil par le vasistas, de la voir courir près du train, auquel elle tint pied jusqu'à la station du Var.

Là, pendant cinq minutes d'arrêt, elle se trémoussait à la portière du compartiment où je me trouvais avec les personnes de ma suite, lorsque j'obtins du conducteur de la voie de la prendre avec moi. La pauvre bête tremblait de tous ses membres, ses yeux étaient mouillés de larmes, et ce ne fut qu'à notre arrivée à Antibes qu'elle recouvra son calme habituel.

Un autre fois j'allais à Cannes dans ma voiture, recommandant bien à mes domestiques de ne pas laisser sortir les chiens ; car lorsque je m'absente j'insiste beaucoup à ce sujet. Grande fut ma surprise de trouver Dogkind haletante et couverte de sueur, à la porte de la maison de mon banquier, où mes affaires m'avaient appelée. Elle avait donc fait le trajet d'Antibes à Cannes, à toute vitesse, afin de me rejoindre. A mon retour, mes serviteurs me racontèrent qu'elle avait brisé une vitre d'une des pièces des basses-offices et qu'on l'avait vue, franchissant la muraille de clôture, en se précipitant sur la route, avec une rapidité vertigineuse.

Mais voici un acte qui atteint l'apogée de l'affection maternelle la plus vive, et de l'attachement le plus vrai envers les maîtres.

Mon regretté mari vivait encore, et nous allâmes à Nice passer la fête de Noël auprès de nos parents, qui y séjournaient pendant l'hiver, avec l'intention de revenir le soir. Il fut décidé que Dogkind serait du voyage, pour faire plaisir à lady Coote, ma digne belle-mère, qui l'aimait beaucoup, et que nous laisserions aux soins des domestiques ses petits nourrissons.

Nous nous disposions à regagner notre manoir, dans l'après-midi, lorsque la neige blanchit le sol d'une couche assez épaisse et tomba jusque bien avant dans la soirée. Force nous fut de suspendre notre retour jusqu'au lendemain. Le lendemain n'étant pas meilleur, nous dûmes encore prolonger notre séjour.

Dogkind avait disparu; nous la crûmes endormie dans quelque coin, mais la journée se passa sans que personne ne l'eut aperçue. A l'entrée de la nuit, on la trouva dans le porche toute grelottante; enfin, lorsque nous retournâmes à notre villa, nous apprîmes qu'elle était venue la veille soigner ses petits pendant quelques heures, et qu'ensuite elle était repartie rapidement.

Expliquera-t-on ce double sentiment, sans doter les chiens de quelque chose qu'on appelle le cœur? Cela me paraît bien difficile.

Racontant cet étrange événement à une de mes amies de la Bretagne, Mme la marquise de K., qui vient chaque hiver à Nice,

—Ma chère, me répondit-elle, si les chiens n'a-
vaient pas un cœur dans le sens humain que
nous donnons à cette noble portion de nous-mê-
mes, ma petite Mira, que voilà, ne serait pas sur
mes genoux, mais entre les mains de celui qui
l'aurait recueillie à la fin de l'hiver dernier.

— Eh ! comment ?

— Ecoutez. Lorsque nous regagnons notre belle
Bretagne, au commencement du mois de mai,
nous laissons après nous notre majordome, qui
achève de tout emballer et puis part avec les ba-
gages et les animaux domestiques, nos chevaux,
nos chiens, nos chats, nos serins et nos colombes.
Dès lors, pour nous, ni embarras, ni préoccupations pendant le long trajet que nous avons à
parcourir. D'autant plus que nous nous arrêtons
à Paris pendant une semaine au moins.

« Douze jours après notre départ, nous arrivâmes
à la porte de notre antique castel ; et, quelle ne fut
pas notre surprise d'y trouver Mira, nous souhaitant
la bienvenue en sautillant gaîment autour de moi.

« Cependant notre vieux Joseph, sa caravane et
nos colis étaient encore en route. Et comme ce
fidèle serviteur connaît mon affection pour cette
charmante levrette, inquiet de l'avoir perdue il
inspecta toute une journée les rues de Nice, visita
les maisons que nous avons l'habitude de fré-
quenter, mais ne la découvrit nulle part. Il était
désespéré.

« Il paraît que la petite bête, impatiente de nous réjoindre, avait pris la clef des champs, et s'était orientée fort habilement, puisqu'elle parvint au château en trois jours et trois nuits, d'après le calcul auquel nous nous livrâmes avec mon mari.

« Par où était-elle passée? Quelle route avait-elle suivie? Avait-elle mangé pendant ce long espace de temps, ou bien avait-elle franchi cette énorme distance sans prendre la moindre nourriture? Tout autant de questions insolubles. Il est certain que sa course n'avait dû subir aucune interruption prolongée.»

On parle élogieusement des pigeons voyageurs! Certes, nos aimables coureuses méritent bien quelques compliments, comme ces gracieux messagers.

Gracieuse aussi est ma mignonne Miss. La nature ne lui a rien refusé pour la rendre gentille. Son corpuscule, bien contourné, revêtu d'un poil soyeux et long, sa tête arrondie ornée de deux oreilles élégamment pendantes, ses deux yeux brillants et mutins lui donnent un air de petite précieuse attrayante. Les ondulations élastiques de ses mouvements cadencés en font une merveille. On dirait qu'elle a su copier les allures si séduisantes des belles Havanaises, dont les mains délicates l'ont affectueusement bercée pendant les premiers mois de son existence. Lorsqu'elle me fut apportée de la Havane, ce pays enchanteur sur lequel le Créateur divin a laissé tomber à profusion les bienfaits sans nombre, j'éprouvai un sentiment de satisfaction qui s'empare de tous ceux qui la voient pour la première fois.

Vive, pimpante et leste, elle échappe en glissant au moindre contact. Sa vie presque éphémère est à peine entretenue par quelques miettes de biscuits. En revanche, elle se nourrit d'amour et de caresses. Il faut lui prodiguer incessamment des témoignages affectueux ; elle en est irrassasiable. Si vous ne la contentez pas, de plaintives lamentations s'échappent de sa poitrine agitée ; et si vous la délaissez trop longtemps, hélas ! regardez-la : deux grosses larmes coulant de ses yeux vous indiqueront son désespoir attristant.

Un geste menaçant, un ton de voix élevé lui infligent des frayeurs mortelles, en imprimant à son être si frêle un tremblement universel. Alors, les oreilles basses, la queue balayant le sol, elle cherche en rampant à s'abriter dans les plis de ma robe. Elle s'y blottit en peloton d'une blancheur étonnante, semblable à une boule de soie des chèvres du Thibet. Elle sait adroitement ramasser sur son coquet museau les mèches touffues de sa tête, comme pour mieux se dérober aux regards, ainsi que font les vieilles béguines qui cachent leur figure sous leur coiffe plissée.

Rien de plus amusant.

Si je l'appelle d'un ton doucereux, oh ! la voilà

debout, la patte droite de devant gracieusement relevée, en laissant retomber la première phalange ; se trémoussant allègrement, elle danse comme une fillette à laquelle un pensum a été retranché. Je lui jette un morceau de sucre. Elle se cabre en arrêt, l'examine, le considère, s'éloigne, s'avance, tourne tout autour, recule encore, revient en tressautant, le saisit enfin, s'enfuit derrière un fauteuil pour le croquer et le savourer lentement, afin de ne pas être distraite par le moindre regard indiscret.

Car la délicate Miss n'aime pas être vue, dans ses *opérations animales*. Abhorrant la malpropreté, elle se cache au loin, bien haut, en gravissant la galerie du quatrième étage, doucement et sans bruit, pour éviter de se donner en spectacle, lorsque certaine nécessité naturelle la tourmente.

Mais si son ascension s'opère facilement sans que personne ne l'aperçoive, il n'en est pas ainsi de sa descente. Poltrone à l'exès à cause de sa taille microscopique, dont elle comprend la faiblesse, elle craint de rouler par l'escalier de service, aux marches élevées, et n'ose descendre seule. Non moins patiente, elle attend le passage de quelque serviteur complaisant qui, elle le sait par expérience, ne lui refuse jamais son aide.

Cet appui est permanent à son égard de la part de Black et de Dogkind. C'est la mijaurée à laquelle ils cèdent le pas, dont ils respectent les caprices, qu'ils protégent amoureusement, appréhendant toujours de la froisser en quoi que ce soit. Aussi, sait-elle s'en prévaloir orgueilleusement à certains moments, s'ils oublient tant soit peu leurs procédés de courtoisie, en les devançant de quelques pas. Mais, il faut l'avouer à sa louange, ces excès sont bien rares et bien pardonnables.

Eh ! qui ne sent ici-bas l'aiguillon de l'orgueil ?

De l'orgueil à la vanité, il n'y a qu'un pas. Or, Miss est aussi légèrement vaniteuse. Dès qu'elle comprend que je me prépare à sortir, elle songe à sa toilette. Oui, comme une jeune fille désireuse de paraître en tout l'éclat de sa beauté, elle veut qu'on lisse soigneusement sa robe et surtout qu'on lui couronne la tête d'un ruban bleu ou rose. Une fois parée et poudrée, de poudre veloutine s'il vous plaît, elle s'accroupit lentement, afin de conserver ses attraits intacts, jusqu'au moment du départ.

Dès que j'arrive chez les personnes que je visite, Miss n'attend pas qu'on la présente : elle s'avance avec une désinvolture prétentieuse, relevant la tête comme pour réclamer des compliments. Naturellement elle est accueillie par ce cri spontané : Oh ! la jolie petite bête !

A peine l'a-t-elle entendu que, semblable à une jeune chatte, elle fait parade de ses agréments extérieurs avec une souplesse, une agilité, un abandon qui provoquent des applaudissements universels. C'est son triomphe.

Aussi sa joie n'a plus de bornes. Chacun veut la toucher, la saisir, la caresser, tant ses cajoleries sont agaçantes et sympathiques. Mais toujours elle a l'œil tourné vers moi, pour m'indiquer que sa pensée ne me quitte pas, et que malgré tout elle ne voudrait pas me déplaire en se livrant aux autres. Si je disparais un moment, il n'y a plus moyen de la retenir : elle se tord dans les mains de celui qui l'arrête. Quand elle voit ses efforts inutiles, ses yeux se remplissent de larmes abondantes, auxquelles répondent des soupirs entrecoupés. Miss aime sa maîtresse au-delà de toute expression et par dessus tout.

Elle a aussi une autre qualité remarquable: elle est musicienne. Les accents harmonieux du piano agissent sur ses nerfs avec une rare impression. A mesure que les accords se développent dans leurs transitions douces et fortes, la délectation de Miss se manifeste plus intense. Que se passe-t-il dans ce cerveau ébranlé ? Autre chose évidemment qu'une pure sensation physique. Est-ce une marche guerrière qui résonne sur le clavier, Miss, comme Dogkind et Black, se dresse sur ses pattes, la tête en l'air, l'œil étincelant, semblable à l'amazone prête à voler au combat. La mélodie est-elle suave et plaintive, mes chiens gémissent en poussant des cris déchirants; mais Miss, plus saisie que les deux autres, reste quelquefois tout inanimée. Un *rinforzando* vigoureux lui rend la vie.

Que n'aurais-je pas à ajouter encore à la biographie de mes trois intéressants caniches? Ils enchantent ma solitude et me charment de plus en plus par leur gentillesse et par les innombrables qualités de leur cœur.

Je ne m'étonne pas de voir Mme Peyron, de Marseille, léguer un capital de quatre-vingt-cinq mille francs, destiné à entretenir un asile pour les malheureux chiens abandonnés. L'amour de l'humanité, écrivait Buffon, entraîne l'amour des animaux.

Aussi, aux débats d'une affaire inextricable, un magistrat éminent s'écriait : « Dans les causes criminelles, il ne faut pas seulement chercher la femme, mais savoir encore si l'accusé aimait les bêtes. » Et récemment, un président de cour d'assises, ayant à juger une jeune fille convaincue d'avoir étouffé deux petits enfants confiés à ses soins, lui demanda si jamais elle n'avait tué des animaux.

— Oh ! oui, répondit-elle ; étant toute jeune, je m'amusais à faire mourir des oiseaux.

— Et comment les faisiez-vous périr ?

— En leur plongeant la tête dans l'eau.

Or, c'était ainsi que le double crime qui lui était reproché avait été commis.

Du reste, les animaux et les chiens en particulier sont doués d'une intelligence et d'un cœur dont les remarquables dispositions sont infiniment supérieures à celles d'un grand nombre de créatures raisonnables.

On pourrait citer à ce propos le célèbre caniche *Munito*, qui jouait aux cartes et aux dominos avec une habileté incomparable ; répondait avec une précision étonnante aux questions qui lui étaient adressées en français, en hollandais, en anglais, en italien et en latin, et dont les talents suscitèrent des discussions si violentes, que deux gardes-royaux allèrent sur le terrain à ce sujet.

Qui n'a pas entendu vanter le petit bichon *Minos*, actuellement une des curiosités de la capitale, qui lit, écrit et calcule de façon à rendre des points à plusieurs de nos académiciens ?

Mais, préférant le sentiment à la science, je citerai, en terminant cette esquisse imparfaite, le trait suivant, reproduit naguère par les organes les plus accrédités de la presse française :

« Les soldats d'un régiment de ligne avaient adopté un pauvre vieux barbet, rencontré mourant de faim dans les fossés des fortifications, et l'avaient baptisé Dagobert.

« Un officier chargé de la partie administrative du régiment remarqua bientôt chez le pauvre chien une intelligence extraordinaire, et comme il avait besoin d'un employé fidèle, il songea à lui confier le soin des règlements de peu d'importance chez les petits fournisseurs.

« On lui mettait l'argent dans un petit sac, on lui donnait avec soin les instructions nécessaires, et le brave Dagobert partait et revenait bientôt apportant la quittance.

« Mais un jour, comme il se rendait chez le boucher, un petit sac d'écus entre les dents, il rencontre sur ses pas trois ou quatre autres chiens occupés à se livrer bataille. Or, si Dagobert avait toutes les vertus, il avait aussi un défaut : il adorait la bataille.

« Placé entre le devoir et son goût pour les querelles, il hésite un instant ; cependant son goût l'emporte, et pour tout concilier, il se dirige vers une bâtisse voisine, devant laquelle étaient accumulés des décombres de toute espèce, y cache son argent et vole au combat.

« Puis, après s'être battu en simple amateur et pour la gloire, il retourna à sa cachette. O terreur !... Dans son agitation et sa fièvre, il avait oublié l'endroit où son trésor était déposé. Il chercha, fureta dans tous les recoins. Rien.

« Pour comble de malheur, des gamins se mirent à l'assaillir à coups de pierres, et force lui fut de rentrer, honteux et confus, au régiment, bourrelé de crainte et de remords.

« Comme il ne rapportait pas la quittance, on courut chez le fournisseur et l'on découvrit la triste, la douloureuse vérité. Ce ne fut qu'un cri. au régiment, cri de surprise et de réprobation : Dagobert a mangé la grenouille ! Et le pauvre caniche, ployant sous le faix du mépris public, se cachait d'un air sombre ; on eût dit qu'il roulait dans sa tête haineuse quelque projet désespéré.

«Il fut destitué de ses fonctions d'officier-payeur ; mais quand on le chercha pour lui signifier cette sévère et juste décision, on ne le trouva pas. Dagobert avait disparu.

« — Pauvre Dagobert! il se sera jeté à l'eau, pour sûr, se disaient entre eux les soldats.

« Et déjà l'attendrissement faisait place au mépris.

» Une nuit se passe : point de nouvelles de Dagobert. La journée suivante s'écoula aussi sans qu'on eût pu recueillir le moindre renseignement sur son compte. Enfin, le surlendemain, ô joyeuse surprise! Dagobert, l'œil brillant de fièvre, rentra au quartier, tenant entre ses dents une quittance.

« Après avoir, jour et nuit, cherché son sac aux écus, épiant les moments où la bâtisse était déserte, il avait fini par retrouver la cachette et le précieux dépôt qu'elle recélait ; il avait aussitôt couru chez le fournisseur, s'était fait délivrer la quittance, et il rentrait au régiment la tête haute, triomphant et réhabilité !... »

Eh bien ! n'y a-t-il pas là matière à réfléchir?

des arbres, parvient à dépister les agresseurs, dont les chevaux essoufflés s'arrêtent successivement. En un clin d'œil, elle regagne la tente du chirurgien, qui commençait à désespérer de la voir retourner, elle et son ordonnance.

« Plus que jamais la belle jument fut caressée et qualifiée des noms les plus affectueux, les plus guerriers. »

— Certes, c'était avec raison, m'écriai-je en me rapprochant du noble animal, pour lequel mon opinion commençait à devenir meilleure.

— Oui, Madame, me répondit le narrateur; mais veuillez m'écouter, vous serez attendrie. Quelques semaines plus tard, alors que la fortune nous avait abandonnés, et que nous marchions misérablement de défaite en défaite, notre ambulance, en dépit des conventions internationales, fut assaillie par une vingtaine de Teutons à casques pointus, qui à toute force voulaient nous emmener comme prisonniers. Nous avions beau parlementer, lorsque notre chirurgien-major arriva à bride abattue. A la vue des Prussiens, par je ne sais quel instinct natif, la belle jument se cabre, rue de droite et de gauche, disperse les assaillants ébahis et part comme un trait. Ceux-ci, revenus de leur étonnement, braquent leurs fusils à aiguille sur le chirurgien, que sa monture fougueuse avait déjà mis hors de danger.

— Voilà bien des exploits, m'écriai-je, en sentant mon affection s'accroître pour la courageuse bête. Achetons-la, dis-je à mon mari.

— Oui, me répondit-il enchanté, et nous l'appellerons Diane, à cause de sa vaillance.

Les prévisions de mon digne mari se réalisèrent en tous points. Ah ! plût au ciel qui les eût constatées pendant de longues années encore. Dieu me l'a enlevé au moment où il commençait à jouir du fruit de ses études et de ses peines pour la construction de ma splendide villa. Que sa sainte volonté soit faite ! Cependant il vit Diane, sous sa surveillance assidue, recouvrer ses forces, reprendre ses allures distinguées, redresser sa tête expressive, se parer d'un manteau brun clair luisant, caracoler avec noblesse et éclipser tous les autres chevaux. Chaque soir il lui portait un morceau de sucre, dont la bête le remerciait par un hennissement significatif.

Ce hennissement vibrant, Diane le fait entendre encore, toutes les fois qu'elle me sent non loin de son écurie, ou bien qu'elle passe sous la fenêtre de mon boudoir.

Si je l'appelle alors, elle lève les yeux vers moi, avec une expression de douceur impossible à dépeindre. Je voudrais avoir l'habile pinceau de Rosa Bonheur, qui a si bien rendu toutes les sensations intimes des animaux, pour fixer celles de ma belle jument.

Elle a surtout une compréhension instantanée

du danger, non seulement pour elle, mais encore pour les autres. Quelques faits entre mille en fourniront une preuve palpable.

Un jour, vers six heures du soir, je revenais d'une course sur le chemin de Nice. J'étais descendue de ma victoria, non loin du pont de la Brague, pour cueillir quelques fleurs champêtres.

Tout à coup le sifflet strident de la locomotive d'un train du railway retentit ; Diane épouvantée fait un soubresaut et s'élance avec une célérité effrayante, tandis que le cocher roulait en bas de son siége ! Que l'on juge de mon émotion ! La pensée des malheurs sans nombre dont je devais apprendre la nomenclature m'oppressa le cœur si vivement, que je faillis m'évanouir. Mais j'adressai une fervente prière à Notre-Dame, et pleine d'espérance je précipitai ma marche vers la ville, où mon cocher m'avait précédée en courant. A mesure que j'avançais, ma peine devenait plus intense, car la route était çà et là sillonnée par des hommes et des femmes qui revenaient de la campagne. Chacun s'efforçait de me rassurer, en m'affirmant que mon équipage n'avait heurté personne ; que Diane, malgré son effroi, s'était détournée de tous ceux qu'elle avait aperçus devant elle, et que même, pour éviter une bonne vieille assise sur son âne, elle était descendue dans le fossé du chemin. A l'entrée de la porte de France, on vint m'annoncer qu'elle s'était acculée sur le trottoir de la Grande-Rue, près de la gendarmerie, sans la moindre égratignure et sans avoir causé aucun mal à qui que ce fut.

J'éprouvai un soulagement indiscible et je remerciai la Sainte Vierge de sa vigilante protection.

Une autre fois encore, sur la même route de Nice, Diane trottait assez lentement, lorsqu'un petit garçon débusqua d'un taillis et se précipita sous les pieds de la bête, qui s'arrêta soudain, et recula avec force, pour ne pas écraser le jeune imprudent.

Un matin, me faisant conduire à la station du chemin de fer, nous descendions rapidement vers le tournant de l'enclos des pigeons, toujours dangereux à cause des rencontres imprévues de voitures ou de charrettes. Une des rênes se brisa entre les mains du cocher, juste au détour, où arrivait un énorme véhicule à fond de train. Je recommandai mon âme à Dieu, car j'entrevis un choc inévitable.

Diane, toujours guidée par son instinct naturel, s'écarta vivement et vint se blottir contre le mur. Sans ce mouvement brusque, le bras énorme de la charrette lui aurait traversé le poitrail et nous eussions tous succombé certainement.

Nous en fûmes quittes pour la peur et une légère avarie de l'avant-train de la voiture.

Diane, on peut le dire, a l'intelligence de sa position sociale; elle sait qu'elle n'est pas bête ordinaire et que son rôle est tout différent de celui des autres chevaux. Elle affecte même divers degrés de tenue, suivant l'usage auquel elle est employée. A la selle, montée par un gentilhomme, ses airs sont majestueux et fringants, comme lorsque, parée de harnais ornementés et brillants, elle est attelée à mon landaulet; montée par un jockey ou bien traînant un véhicule plus modeste, sa démarche est moins imposante; au charriot, on la prendrait presque pour une bête vulgaire.

Son obéissance à celui qui la soigne est exempte de tout caprice. Elle le suit comme un agneau, marchant et s'arrêtant à sa voix, sans qu'il ait besoin de la conduire à la longe et de la diriger.

Au départ du premier cocher, qui lui parlait allemand et la dorlotait presque avec tendresse comme un ancien compagnon d'armes, Diane resta trois jours sans manger, accablée de tritesse; car, elle aussi, lui rendait bien ses services. Un jour que notre Alsacien était ivre comme un Polonais, il dégringola de sa selle et s'étendit à terre sans mouvement. Diane ne l'abandonna pas, le flairant de temps en temps, pour le réveiller de sa torpeur bachique. Ce manége aurait duré jusqu'à la nuit, si un miséricordieux Samaritain, admirant et la bête et l'homme, ne les eût pas ramené tous deux charitablement à leur commun domicile.

Dans une autre circonstance, la sagesse de Diane fut encore plus pénétrante. Le même cocher, qui avait noyé de nouveau son esprit dans les flots trop abondants de la dive bouteille, la conduisit au rivage de la mer pour lui faire prendre un bain. Mais il resta enfourché sur elle, lui serrant les flancs de ses deux genoux et tirant fortement la crinière pour conserver un peu d'aplomb, au lieu de la laisser libre en la maintenant par une longue corde. La bête prudente refusait obstinément d'avancer dans l'eau. Lui, non moins obstiné, la harcelait par ses cris et par ses mouvements désordonnés. Diane souffre d'abord patiemment cette ennuyeuse excitation ; mais, voulant lui faire comprendre qu'elle avait plus de raison que lui, tourne bride, revient tranquillement vers la plage, où, par un léger choc de côté, elle le renverse sur le sable, et demeure auprès de lui.

Un pêcheur, témoin de ces curieuses péripéties, s'approche pour en savoir la cause, et trouve notre automédon incapable de se remuer, les yeux vitrés, l'air goguenard et la langue empâtée, ne prononçant que des paroles incohérentes.

— Allons, lui dit-il, je m'aperçois que vous avez trop imité le bonhomme Noé ; restez-là, le grand air dissipera les vapeurs du jus de la treille ; je vais ramener votre belle monture à la villa Marie-Thérèse.

Mais Diane refusa d'abandonner son guide ordinaire, effraya par ses gambades échevelées le compatissant entremetteur, qui eut la complaisance de venir nous instruire de l'accident.

Je ne m'étonne plus maintenant de l'attachement de l'homme pour ce noble animal, et du culte qu'il lui a voué depuis qu'il est devenu, avec le chien, l'indispensable associé de ses exploits et de ses travaux. Sans le cheval, point de culture, point d'agrément, et par conséquent aucun progrès dans la civilisation.

Bucéphale est aussi immortel que son maitre le conquérant Alexandre.

III

Periquita

Periquita est une perruche à couleur vert-gris, que je me suis escrimée envain, pendant de longs mois, à corriger de ses innombrables défauts. Criarde, ennuyeuse et surtout jalouse, elle n'a jamais pu prononcer une seule parole. Tout son talent consiste à grimper aux rideaux des fenêtres et à regagner le sol, après s'être reposée sur la flèche, en sifflant avec force, se sachant, là-haut perchée, à l'abri de toute correction.

Si je lui permets de se tenir sur mon épaule, elle s'irrite contre les chiens qui viennent me donner des témoignages de leur affection. Plusieurs fois, elle a failli leur crever l'œil, d'un coup imprévu de son bec recourbé.

Sa passion dominante est de surveiller ces bonnes bêtes, de crier quand elles m'approchent, et si elle est hors de sa cage de voler à leur rencontre, pour les en empêcher.

Souvent elle m'impatiente à tel point que je me prends à la croire animée par un esprit malfaisant.

Le chant mélodieux de mes canaris l'importune et l'agace ; elle voudrait être seule et tout dominer.

Lorsque je la laisse prisonnière, son exaspération est à son comble ; elle va et vient de son perchoir à terre et de terre à son perchoir, comme une bête fauve enchaînée, qui ronge son frein avec une fébrile agitation.

Si on la gronde, elle vous répond par un cri sec, assez semblable à celui de la chanterelle d'un violon pincée à la sourdine, en se redressant orgueilleusement. Elle veut avoir toujours le dernier mot.

Quel contraste avec le doucereux et poli vert-vert de Gresset ! Certainement il l'aurait répudiée et n'aurait pas voulu d'elle pour compagne dans ce séjour béni de la Visitation, où les délices de la paix le rendaient si aimable. A ses pieux *Ave, ma sœur*, elle aurait répondu par un sifflement détestable.

Cependant je tiens à rendre à César ce qui est à César. Periquita a du cœur, de l'attachement pour moi, puisqu'elle ne se résigne jamais à me quitter ; mais c'est un attachement égoïste qui ne peut souffrir aucun partage, aucune rivalité.

Si je veux la rendre moins bruyante et plus affectueuse, je n'ai qu'à l'appeler avec tendresse, en lui disant :

— Petite amie, bonne Periquita, viens, viens ici.

Ce qui prouve que la douceur exerce toujours une grande influence sur les caractères les plus revêches et les plus ingrats.

innombrables habitants de l'air, depuis l'aigle audacieux jusqu'au timide oiseau-mouche.

Mes deux canaris, Verdet et Blanchette, semblent faits au moule. Verdet, dont les ailes sont vertes, a la tête surmontée d'une huppe élégante qui lui donne l'air d'un petit maître vaillant, aventureux et galant. Ah ! sa galanterie envers sa douce compagne est un vrai bouquet de sollicitude, d'attentions minutieuses. On le voit toujours préoccupé de lui faire plaisir. Il l'appelle avec un accent affectueux, il la contemple d'un œil à demi-voilé dont l'expression trahit le sentiment indéfinissable de la tendresse la plus vive. Comprend-il que son chant lui causera de la joie? Immédiatement il ouvre sa boîte harmonique, et fait jaillir des sons ravissants. Tantôt c'est Philomèle plaintive, roucoulant comme la colombe gémissante en des cascades mélodieuses; tantôt on croirait entendre le *héraut du printemps*, ainsi que La Fontaine appelle le rossignol, déployant avec vigueur ses notes veloutées, montant les gammes les plus éclatantes, et puis, de trille en trille, descendant en des vibrations expirantes.

Verdet a perfectionné son talent musical aux leçons d'un roi des chanteurs, qui pendant plusieurs mois du printemps et de l'été enchante mon parc de ses modulations suaves.

Blanchette, sa douce femelle au plumage jaune clair, l'écoute avec bonheur, sautillant sur les baguettes légères qui traversent la volière en tous sens. Elle lui répond par un piaulement monotone qui ne manque pas de charme aussi. C'est la langueur de l'amour reconnaisant.

Modèle achevé d'union irréprochable et permanente!

C'est surtout à l'époque de la ponte que ces sentiments se manifestent plus intenses et plus touchants. Tous deux, Verdet et Blanchette, sont préoccupés de la venue de leur future famille. Ils me l'annoncent, en m'appelant par des cris répétés. Je m'approche, ils me regardent, j'allais dire en souriant. Eh! pourquoi non? Est-ce que ces aimables oiseaux manqueraient de cette expression joyeuse?

— Que voulez-vous, chers petits?

A travers leurs cris, il me semble distinguer cette réponse:

— Donnez-nous un brin de coton, quelques pailles, un peu de laine blanche, afin de préparer la couchette de nos nouveau-nés.

— Je souscris immédiatement à vos désirs, aimables oiseaux du bon Dieu; tenez, voilà de la laine blanche, de la paille et du coton.

Grande est leur allégresse à la vue de ces matériaux indispensables. Pour un moment ils oublient le biscuit et le sucre, dont leur cage est toujours fournie. En signe de joie et comme préparation au grand travail auquel ils vont se livrer, ils se

baignent successivement dans leur cuvette de por-
celaine, éclaboussant l'eau avec leurs ailes dé-
ployées. Quel délire! quels transports !

Le labeur commence et se poursuit sans interruption. Verdet saisit une paille, de son bec aigu,
et la porte au fond du panier d'osier suspendu au
coin de l'habitation ; Blanchette prend un flocon
de laine, et l'éparpille avec ses pattes ; Verdet vole
encore et dépose du coton. Blanchette s'étend
alors sur ce lit moelleux, pour lui imprimer sa
place.

Les expansions joyeuses recommencent, le chant
mélodieux éclate de nouveau.

Pendant plusieurs jours ces scènes charmantes
se renouvellent. Quelquefois le nid ne paraissant
pas assez bien construit, est remué de fond en
comble, bouleversé et complétement refait.

Enfin Blanchette a pondu un œuf. Verdet, per-
ché sur le bord du panier, l'examine, le reluque
agréablement, puis vient accabler sa compagne de
ses tendresses, de ses baisers, bec contre bec, en
se trémoussant vivement.

C'est le paroxisme de la jubilation, lorsque les
quatre ou cinq œufs ont été produits. Le jour
même, Blanchette ne les quitte plus. Voyez comme
elle est jolie, comme elle vous regarde heu-
reuse! Et dire que le Créateur a embrasé ce petit
être d'un amour maternel sans bornes! Ne crai-
gnez-vous que la fatigue ne lasse cette charmante

femelle? Non, non, pendant dix-huit jours, et plus, elle restera clouée sur ces gentils petits œufs, sortis de son sein, pour y développer par sa chaleur le germe de la vie.

Pendant ce long espace de temps, Verdet la captive par ses harmonieuses roulades et lui porte régulièrement à manger.

Les œufs sont éclos ; les oisillons ont apparu ; oh ! alors, père et mère se disputent le bonheur de les nourrir avec une délicatesse exquise. Impossible d'apprécier leur sollicitude, d'énumérer leurs témoignages de tendresse. J'en suis ravie.

Que de mères dénaturées, méchantes, cruelles, qui devraient rougir de leur conduite abominable à l'égard de leurs enfants, à la vue de cet exemple !

Ceci m'amène naturellement à réclamer l'application de la loi Grammont contre ces affreux gamins qui, au temps où la gent ailée se repeuple, parcourent la campagne pour abattre les nids à coups de pierre, ravir à leur mère désolée les petits oiseaux inévitablement condamnés à mort entre leurs mains.

Comment? la chasse est sévèrement prohibée, à cette époque; on punit le chasseur pris en flagrant délit, et ces impitoyables dénicheurs de nid, cent fois plus cruels, se livrent impunément à leurs dévastations inconsidérées [1] ?

____

(1) En Allemagne, les dénicheurs de nids sont punis d'une forte amende.

Mon cœur se serre à cette pensée pénible, lorsque j'observe les délicatesses, les prévenances, les sollicitudes de Verdet et de Blanchette pour leur progéniture.

Lorsque les oisillons sortent de leur moelleux berceaux et qu'ils commencent à picoter le grain, j'ouvre la porte de la volière, et tous, poussés par père et mère, ils viennent becqueter les débris de sucre, que je leur présente. Bien loin de craindre d'être saisis, ils s'offrent à ma main pour se laisser prendre et recevoir mes caresses.

Emotions inexprimables qui, en élevant l'âme en haut, la dégagent des préoccupations terrestres, et l'incitent à prendre de plus en plus son essor vers Dieu, son unique bien.

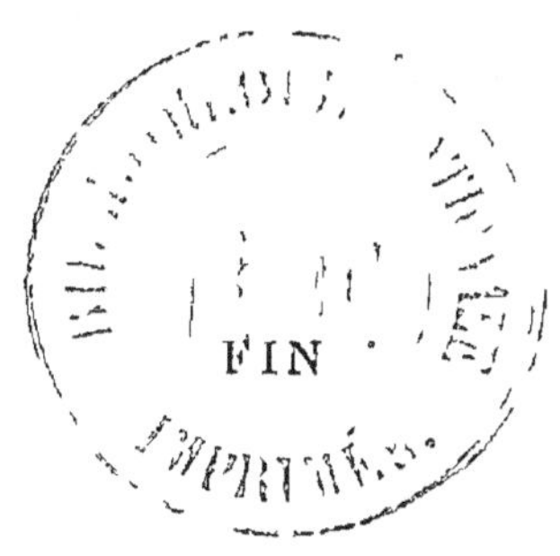

TABLE DES MATIÈRES